红袋鼠物理千千问

墙上的镜子：

光学 ③

[加拿大] 克里斯·费里　著/绘　　那彬　译

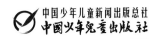

中国少年儿童新闻出版总社
中国少年儿童出版社
北　京

作者简介 ···

克里斯·费里，加拿大人。80后，毕业于加拿大名校滑铁卢大学，取得数学物理学博士学位，研究方向为量子物理专业。读书期间，克里斯就在滑铁卢大学纳米技术研究所工作，毕业后先后在美国新墨西哥大学、澳大利亚悉尼大学和悉尼科技大学任教。至今，克里斯已经发表多篇有影响力的权威学术论文，多次代表所在学校参加国际学术会议并发表演讲，是当前越来越受人关注的量子物理学领域冉冉升起的学术新星。

同时，克里斯还是4个孩子的父亲，也是一名非常成功的少儿科普作家。2015年12月，一张Facebook（脸书）上的照片将克里斯·费里推向全球公众的视野。照片上，Facebook（脸书）创始人扎克伯格和妻子一起给刚出生没多久的女儿阅读克里斯·费里的一本物理绘本。这张照片共收获了全球上百万的赞，几万条留言和几万次的分享。这让克里斯·费里的书以及他自己都受到了前所未有的关注。

扎克伯格给女儿阅读的物理书，只是作者克里斯·费里的试水之作。2018年，克里斯·费里开始专门为中国小朋友做物理科普。他与中国少年儿童新闻出版总社全面合作，为中国小朋友创作一套学习物理知识的绘本——"红袋鼠物理千千问"系列。

红袋鼠说:"我看镜子的时候能看见自己。但我看墙的时候,眼前就只是墙。镜子有什么特殊的地方吗,克里斯博士?"

3

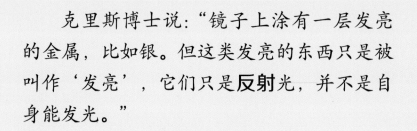

克里斯博士说:"镜子上涂有一层发亮的金属,比如银。但这类发亮的东西只是被叫作'发亮',它们只是**反射**光,并不是自身能发光。"

红袋鼠好奇地问:"反射?"

镜面

克里斯博士解释说："'反射'
的意思就是弹出去。光会从镜子上
被弹出去，也会从墙上被弹出去。"

粗糙面

红袋鼠说："光弹出去之后，
传播的方向就不一样了。"

克里斯博士说："墙壁的表面是粗糙的，和一张纸一样。光照射到纸上，我们无法预测光会弹向哪里。"

红袋鼠说："真的，每次反弹的方向都不一样呢。"

9

克里斯博士说："而镜子的表面是光滑的。当光打在光滑的表面上——"

红袋鼠抢着说："每次弹回去的方向都是一样的。"

克里斯博士说:"光从镜子上反射的方式是非常特殊的。我们先来仔细看光照射到镜子上的**角度。**"

　　红袋鼠问:"角度?"

角度大   角度小

克里斯博士解释说:"两条线相交,这两条线组成的图形就是一种**角**。角可大可小,我们用角度来表示角的大小。"

红袋鼠说:"很像一个不完整的三角形。"

克里斯博士说： "看见这束光照射在镜子上的角度了吗？"

18

克里斯博士接着说:"再看看反射光的角度。"

红袋鼠兴奋地说:"是一样的!"

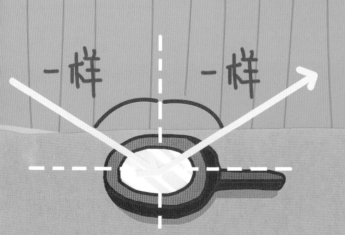

克里斯博士说:"这就是**反射定律,即光照射**到一个镜面上时,射入的角度与反射的角度相同。"

克里斯博士接着说:"来做个小测验吧。你知道这些光线会往哪里反射吗?"

红袋鼠抢着说："我知道，克里斯博士！"

克里斯博士说："同样的道理，你身上反射出来的光会被墙反射得到处都是。"

红袋鼠恍然大悟："所以我的画面就不会出现在墙上了。"

红袋鼠接着说:"但是,根据反射定律,我身上的光会被镜子直接弹回去,进入我的眼睛,所以我能在镜子里看见自己。"

版权合作方： 澳大利亚米酷传媒

图书在版编目(CIP)数据

光学. 3，墙上的镜子 / （加）克里斯·费里著绘 ；
那彬译. — 北京 ：中国少年儿童出版社，2019.9
　　（红袋鼠物理千千问）
　　ISBN 978-7-5148-5533-3

　　Ⅰ．①光… Ⅱ．①克… ②那… Ⅲ．①光学－儿童读
物 Ⅳ．①043-49

中国版本图书馆CIP数据核字(2019)第124859号

HONGDAISHU WULI QIANQIANWEN
QIANGSHANG DE JINGZI GUANGXUE 3

出 版 发 行：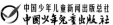 中国少年儿童新闻出版总社
　　　　　　　　　　　　中国少年儿童出版社
出 版 人：孙 柱
执行出版人：张晓楠

策　　划：张 楠	审　　读：林 栋 聂 冰
责任编辑：徐懿如 郭晓博	封面设计：马 欣
美术编辑：姜 楠	美术助理：杨 璇
责任印务：刘 澈	责任校对：颜 轩

社　　址：北京市朝阳区建国门外大街丙12号　邮政编码：100022
总 编 室：010-57526071　　　　　　传　　真：010-57526075
发 行 部：010-59344289
网　　址：www.ccppg.cn　　　　电子邮箱：zbs@ccppg.com.cn

印　　刷：北京利丰雅高长城印刷有限公司

开本：787mm×1092mm　1/20　　　　　　　　　印张：2
2019年9月北京第1版　　　　　　2019年9月北京第1次印刷
字数：25千字　　　　　　　　　　　印数：10000册

ISBN 978-7-5148-5533-3　　　　　　定价：25.00元

图书若有印装问题，请随时向本社印务部（010-57526183）退换。